岩石里的头盖骨
寻找人类起源之谜

在一望无际的非洲草原上,眼前这个坍塌了的玛拉帕洞穴显得有些突兀。这里正是源泉南方古猿的发现地点。

美国国家地理

大石科学馆

大探索系列

岩石里的 头盖骨
寻找人类起源之谜

一个小男孩，一只狗，一名科学家，加上谷歌地球软件，向着人类起源之谜发起全新的探险之旅。

【美】李·R·伯杰　马克·阿伦森 著　叶盛 译

时代出版传媒股份有限公司
安徽少年儿童出版社

著作权登记号：皖登字12121162号

Copyright © 2012 Lee R. Berger and Aronson & Glenn LLC
All rights reserved.
Copyright Simplified Chinese edition © 2013 Lee R. Berger and Aronson & Glenn LLC
All rights reserved.
Reproduction of the whole or any part of the contents without written permission from the publisher is prohibited.

本作品中文简体版权由美国国家地理学会授权北京大石创意文化传播有限公司所有。
由安徽少年儿童出版社出版发行。
未经许可，不得翻印。

图书在版编目（CIP）数据

岩石里的头盖骨 寻找人类起源之谜 /
（美）伯杰，（美）阿伦森著；叶盛译.
- 合肥：安徽少年儿童出版社，2013.2（2015.4重印）
（美国国家地理大探索系列）

ISBN 978-7-5397-5885-5

Ⅰ.①岩… Ⅱ.①伯… ②阿… ③叶… Ⅲ.①人类－起源－少儿读物 Ⅳ.①Q981.1-49

中国版本图书馆CIP数据核字(2013)第011305号

献给杰姬、梅根以及马修。在我探索人类进化历史的奇妙旅程中，他们不仅仅是坚定的支持者，同时也是直接参与者。
——李·R.伯杰

献给与我共同参与这次探险的家人们。在这本书临近完成的日子里，感谢他们同我一起分担压力。
——马克·阿伦森

美国国家地理学会是世界上最大的非营利科学与教育组织之一。学会成立于1888年，以"增进与普及地理知识"为宗旨，致力于启发人们对地球的关心。美国国家地理学会通过杂志、电视节目、影片、音乐、电台、图书、DVD、地图、展览、活动、学校出版计划、交互式媒体与商品来呈现世界。美国国家地理学会的会刊《国家地理》杂志，以英文及其他33种语言发行，每月有3800万读者阅读。美国国家地理频道在166个国家以34种语言播放，有3.2亿个家庭收看。美国国家地理学会资助超过10000项科学研究、环境保护与探索计划，并支持一项扫除"地理文盲"的教育计划。

图片出处

Photography and Illustrations Credits
Abbreviations: t=top, b=bottom, l=left, r=right
Front and back cover: Brent Stirton/National Geographic Stock
Fossil hand photo illustrations on pages 5, 7, 13, 17, 23, 27, 31, 37, 43, 51, and 57 created by Jon Glick, mouse + tiger, from a photo of Karabo's right hand, courtesy Lee Berger.
Page 1: courtesy Lee Berger • pages 2–3: Brent Stirton/National Geographic Stock • pages 6, 8, 10–14: courtesy Lee Berger • page 15: public domain • page 16: copyright John Gurche • page 18 (l): Wikimedia Commons • page 18 (r): courtesy Lee Berger • page 19 (documents): courtesy Lee Berger • page 19 (WTOC stills): WTOC-TV, Savannah, Georgia • pages 20–21: courtesy Lee Berger • page 22: Richard Schlecht/National Geographic Stock • page 24: © AfriPics.com/Alamy • page 25: Kenneth Garrett/National Geographic Stock • page 26: courtesy Lee Berger • page 28: photo published in Berger, L.R. Am J Phys Anthropol 131:166–168 (2006) • page 29: photo from Berger L.R. and McGraw W.S. (2007). Further evidence for eagle predation of, and feeding damage on, the Taung child. S. Afr. J. Sci. 103, 496–498. • page 30: © 2012 Google • page 32: NGS Maps • page 33: © 2012 Google • page 34: courtesy Lee Berger • page 35: © 2012 Google • page 36: courtesy Lee Berger • page 38: P. Ginter/ESRF • page 39: Ismael Montero/ESRF • pages 40–41: courtesy Lee Berger • page 42: (Reconstruction by John Gurche) Brent Stirton/National Geographic Stock • page 44 (t): courtesy Paul Dirks • page 44 (b) and 45: images from Pickering et al., 2011 • page 48 (3-D image, b): courtesy Lee Berger, Paul Tafforeau, and ESRF • pages 48–49 (photographs): Ismael Montero/ESRF • page 50: John Gurche/National Geographic Stock • page 53: courtesy Lee Berger • page 54: Frans Lanting/National Geographic Stock • page 55: NGS Maps • page 56: Rebecca Hale/NGS Staff • page 58 (t): Kenneth Garrett/National Geographic Stock • page 58 (b): Reproduced with permission. Copyright © 2012, Scientific American, a division of Nature America, Inc. All rights reserved. • page 59: courtesy Wu Xiujie and Lee Berger • page 60: Stuart Armstrong • page 64 (t): courtesy Sasha Aronson • page 64 (b): courtesy Marc Aronson

MEIGUO GUOJIA DILI DA TANSUO XILIE YANSHI LI DE TOUGAIGU XUNZHAO RENLEI QIYUAN ZHI MI

美国国家地理大探索系列·岩石里的头盖骨 寻找人类起源之谜　　【美】李·R.伯杰　马克·阿伦森 著　叶盛 译

出 版 人：张克文	总 策 划：李永适　　　　　版权运作：彭龙仪
责任编辑：唐 悦　吴荣生　王笑非	特约编辑：杨晓乐
美术编辑：郑新蕊	责任印制：宁 波

出版发行：时代出版传媒股份有限公司 http://www.press-mart.com
　　　　　安徽少年儿童出版社 E-mail：ahse1984@163.com
　　　　　新浪官方微博：http://weibo.com/ahsecbs
　　　　　腾讯官方微博：http://t.qq.com/anhuishaonianer （QQ：2202426653）
　　　　　（安徽省合肥市翡翠路1118号出版传媒广场　　邮政编码：230071
　　　　　市场营销部电话：（0551）63533532（办公室）　（0551）63533524（传真）
　　　　　（如发现印装质量问题，影响阅读，请与本社市场营销部联系调换）

印　　制：小森印刷（北京）有限公司
开　　本：889mm×1194mm　1/16　　印　张：4　　　　　字　数：80千字
版　　次：2013年6月第一版　　　　　印　次：2015年4月第二次印刷
ISBN　978-7-5397-5885-5　　　　　　　　　　　　　　　定　价：25.00元

版权所有　侵权必究

目录

第一章
第一块骨头 7

第二章
发现"异常"现象 13

第三章
露西 17

第四章
猎人的陷阱 23

第五章
那些被忽视的细节 27

第六章
新眼睛带来新发现 31

第七章
答案 37

第八章
卡拉博的年代 43

第九章
源头 51

第十章
如果李错了呢？ 57

纵横交错的河网：
从源泉南方古猿到现代人类的进化新视角 60

扩展阅读推荐书目 61

词汇表／索引 62

我在本书中的角色 .... 马克·阿伦森 64

第一章

第一块骨头

"爸,我找到了一块化石!"

马修·伯杰今年九岁了,跟爸爸一样,他是一名"化石猎人"。马修被一块石头绊了一下,于是他随手捡起这块石头看了看,发现里面竟然嵌着一根纤细的黄色骨头!马修是很幸运的,因为他的爸爸李·R.伯杰教授就是一名研究化石的科学家,毕生致力于寻找我们远古祖先的遗骸。他们父子俩经常到南非约翰内斯堡的郊外去,钻进到处都是褐色石灰岩的山里,在凌乱的树丛之间搜寻化石。由于人们在这个地区曾经发现过很多重要的早期人类化石,所以这里被称为"人类的摇篮",并被联合国教科文组织列为"世界遗产",受到南非政府的保护。

约翰内斯堡是非洲最大的城市之一,而"人类的摇篮"距离约翰内斯堡市区不过半小时的车程。尽管这样,这个地区至今仍是属于动物的世界,来到这里的人类只不过是突然造访的客人:成群的狒狒会盯着你看,惊惶失措的疣猪会被你吓得到处乱跑,而在天空翱翔的雄鹰则会把你当成猎物细细地打量。伯杰父子总是乘坐一辆改装过的吉普车来到这里,车上还会带着他们家的一只罗得西亚脊背犬。要是有豹子或别的猛兽悄悄靠近的话,脊背犬就能闻出它们的气味,并及时发出警报。在2008年8月一个美丽的早晨,马修对着他爸爸大声喊出了这一章一开始的那句话。于是,一扇通往200万年前的时光之门就此打开了。

说不定,马修的那句话有一天会成为一句名言,就像1844年人类的第一封电报上所写的:"上帝创造了何等奇迹?"或是1876年人类的第一通电话内容:"沃森先生,到这儿来!"其实,马修的发现特别重要,可是他爸爸一开始并不知道。以前他们也一起来过这里,每一次马修都会发现远古羚羊的遗骸——那是这个地区很常

因为马修受过寻找化石的专业训练,所以他能够发现这块仅仅从岩石中露出了一角的化石(左页图)。

见的化石。当伯杰教授走过来时，马修看得出来，他爸爸以为这次又是一块古代羚羊的化石，并且装出一副很感兴趣的样子，以免马修伤心。伯杰教授在走到距离儿子四五米远的地方、能够看清那块化石之前，也确实是这么想的。

然而就在那一瞬间，伯杰教授惊呆了。时间仿佛在那一刻停止了，整个世界失去了色彩，只剩下那块化石在熠熠发光。马修手里拿着的是一份来自过去的珍贵礼物，几乎没有任何已有的发现能与之媲美。而世界上唯一确知此事的人，就是伯杰教授。那块化石是锁骨——肩部的一块连接骨头，是人类以及人类祖先都拥有的。这种骨头一般很脆弱，在激烈的对抗性体育运动中，运动员常会发生锁骨骨折的情况。史前人类留下的著名的化石骨架中，几乎没有完整的锁骨。伯杰教授读博士研究生时的论文主题恰恰就是关于锁骨的，所以他对这块骨头非常熟悉。他的论文中还涉及到了人体的另外三块骨头——都是我们上臂的组成部分，它们也将成为我们这个故事中的重要角色，不过要在后面儿章中才会出场。

马修受过一定的训练，因此他能一眼辨认出这是一块化石；而马修的爸爸

伯杰教授在发现化石的现场拍摄的照片，指着那块锁骨的就是他的儿子马修。

从石头中取出的那块锁骨,大约7厘米长。作为第一条线索,它开启了通往人类起源谜底的一扇新大门。

曾经研究过人体的锁骨,所以他马上意识到儿子手中拿的是一块瑰宝。对于伯杰教授来说,发现这块锁骨已经很满足了。但是,这其实只是一个开始。它是诱惑爱丽丝进入奇幻世界的兔子洞,是通往纳尼亚王国的魔衣橱。这是一条重要的线索,为研究人类的进化历程提供了全新的解读方式。

此后不久,人们就会知道,这块锁骨只是一副几近完整的骨架的一部分,属于此前尚未被考古发现过的全新人种——源泉南方古猿。我们可能会忌妒伯杰父子,希望发现那块珍贵骨头的不是他们,而是我们自己。但伯杰教授说,要是你这样想的话,那可就大错特错了。这项发现最重要的意义不在于这块化石本身,而是在于,它开启了此后一系列全新发现的大门。世界上的每一扇门都通往某个地方,即便是那些看起来像是关着的门也一样——这就是伯杰教授从他自己的故事中所得出的感悟。

"化石猎人"指南：

要想找到一块化石并不容易，但只要了解它的特点，你就能从土壤和岩石之中发掘出其中埋藏的化石。现在，李正站在南非自由州的一处荒原上，这里很可能就埋藏着化石。**1** 首先他要找到一块受过侵蚀的区域，其内层暴露出来的岩石可能会比表层的更古老。**2** 接下来他要缩小搜索范围，寻找那些化石可能会被腐蚀并从其中显现出来的地方。**3** 要寻找到"奇怪"或"异常"的东西，比如与周围土壤颜色不同的石头或物体。这一次，他看到了一块白色的东西。**4** 再走近一些，他发现那是古代羚羊的部分下颌骨。**5** 注意看，牙齿的表面是闪亮的牙釉质，而骨头的颜色则要黯淡一些。李找到的这块下颌骨化石已经有超过10万年的历史了。

1 ▶

2 ▼

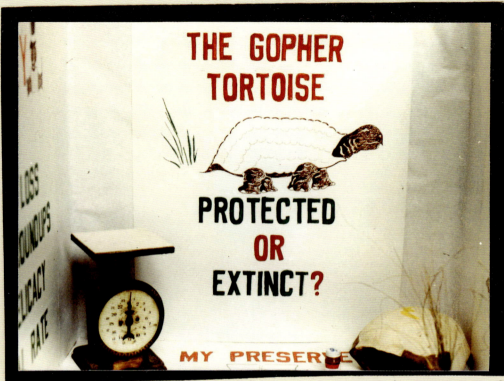

My Gopher Project is my pet project. I have started a preserve and this is one of my many exhibits and demonstrations gi

图中文字:

穴居沙龟
把它们保护起来
还是
任由它们灭绝?
我的沙龟保护区

手写文字一:

我的沙龟保护计划同时也是我的宠物计划。我已经为沙龟们建立了一个保护区,并且做了很多相关的展示。这个只是其中之一。

MEMBERS OF THE LAND JUDGING TEAM, shown above, are left to right, Michael Hayes, Rod Berger, Pam Skinner, Danny Smith, James Williams, Craig Howard, and Chris Miccoli.

I started the land team in 1980 and we improved this year – 5th at District. I was 3rd high on team

照片中文字:

土地测评团的成员,如照片中所示,从左至右依次为:迈克尔·海耶斯、罗德·伯杰、帕姆·斯基内、丹尼·史密斯、詹姆斯·威廉姆斯、克里格·霍华德,以及克里斯·麦考利。

手写文字二:

我在1980年成立了这个土地测评团。今年我们又进步了,成为了地区的第五名。我是团队里个子第三高的人。

第二章

发现"异常"现象

退回到李的孩提时代，如果你想去小镇上看看他平常都在干些什么，那你可得有运动员的体格才行。李·R.伯杰来自美国佐治亚州斯克里文县一个名叫西尔瓦尼亚的小镇。只要不是必须待在屋里或学校里，李就一定会跑到外面去。他就是那种男孩——整个夏天都不穿鞋，长大一些后就开始随着季节的更替钓鱼、打猎——季节适合做什么他就做什么，总之就是时刻期待着大自然探险给他带来的未知收获。如果一位农夫在耕地，李就会跟在犁杖后面，寻思着会不会从土里翻出箭头来。再给他一张弓，他就能不停地练习射箭，直到拿下州里的箭术比赛冠军。那个时候在乡下，搭车的人就站在敞口卡车后面的货厢里，扶着护栏，根本没有安全带这种东西。当李搭着别人的车在路上颠簸的时候，他的眼睛总是东张西望，寻找奇怪的、有趣的或是受伤的动物。所有这些在户外度过的时光让李挣足了童子军的勋章，成为了一名"鹰童军"（美国童子军的最高级别），还加入了"四健会"（美国鼓励年轻人发挥潜力的非营利性青年组织）和"美国未来农夫组织"（美国在青年中推广和支持农业技术教育的组织）。

其实伯杰家算不上是真正的农民家庭。李的妈妈是一位数学教授，爸爸是办公室职员。虽然他们赚钱不多，但全家经常在夏天搬到靠近海边的萨凡纳去，夏天结束后再搬回乡下的西尔瓦尼亚。那个时代，佐治亚州的很多家庭都会这样度夏。不过，李的父母也并不是离大地很远的人。李的爸爸一直想成为一名地质学家，这很接近李的爷爷的职业。他的爷爷是一名"野猫勘探者"，在西得克萨斯开采石油的时候丢掉了好几根手指。"野猫勘探者"都是一些消瘦、结实的男人，他们往往单干，使用求来的、借来的甚至是偷来的设备，目的只有一个：寻找黑色的金子——石油。

七岁时的李（上图）。到了十几岁的时候，他开始召集朋友们一起来保护穴居沙龟。那个时候，大家都亲切地叫他"罗德"，那是他中间名的昵称（左页下图）。

I have collections of Indian Artifacts, fish, stamps and cartoons.

手写文字：
　　我有很多收藏品，包括印第安人的工艺品、鱼骨、邮票，以及一些漫画书。

　　无论是箭头还是骨头，李只要在他家附近的土地里找到这些有趣的"异常"现象，他都会小心地收藏起来。

　　有一天，李的爷爷给李看了一个尘封的盒子。打开盒盖后，里面竟然是几千张废纸——那是爷爷拥有股份的石油公司的股票，每一张都如同一个已经破碎的梦想。然而，李的爷爷并不伤心。"野猫勘探者"们敬重那些经历多次失败的人——那意味着他努力过，并且有勇气重新开始。

　　李的爸爸决定把他对大地的热爱先放到一边，还是要以养家为重。不过李继承了爷爷的精神：他热爱真正的探险，热爱压上一切的豪赌。他是那种永不疲倦的男孩，会全身心地投入到自己当下的兴趣之中，直到完全掌握了这件事情为止。紧接着，他又会需要一个新的目标，一份新的激情，一座新的等着他去攀登的山峰。不了解这种男孩的人会说他们容易分心，只有了解他们的人才会知道，他们只不过时刻都在渴望着冒险。

　　当李穿行在佐治亚州斯克里文县的田野和松林之间时，他锻炼了自己阅读大地的本领。要成为一名"野猫"，你需要具备两种技能：首先，你必须学会辨认地形；其次，你要训练自己的眼睛，去发现周围的不同寻常和不协调之处——李称之为"异类"或"异常"现象。李所发现的第一个"异常"的东西，是一种大部分时间生活在地下的动物。

　　穴居沙龟，看看名字就知道，这种乌龟喜欢在地底下给自己挖一个温暖舒适的小窝。当李站在高高的卡车货厢里从野外经过时，他清清楚楚地看到了一片可怕的景象，一种"异常"——一只、两只、三只……太多死掉或受伤的穴居沙龟。为什么会这样？他能为这些穴居沙龟做些什么呢？

　　原来，一些致命的毒蛇很喜欢把穴居沙龟辛辛苦苦挖出来的舒适洞穴据为己有，而人们当然不愿意让自己的孩子在有毒蛇出没的洞穴周围玩耍。于是，一个有效、迅捷的解决办法出现了，那就是向能看到的所有地洞里面灌汽油——即使此举会导致穴居沙龟跟毒蛇一起死掉，人们也认为没什么大不了的，只不过是少了一个会挖洞的家伙嘛，正好还可以少操一份心呢！另外，人们砍伐松林收获木材的时候，穴居沙龟的洞穴也会一同被破坏，这使穴居沙龟的生存处境雪上加霜。

李觉得自己必须行动起来。但是该做些什么呢？他说服了自己的父母，把家里用来养猪和奶牛的土地分出一部分来，建成了一个穴居沙龟的庇护所。从此，每次颠簸的搭车之旅都变成了一次救援行动。很快，周围的人们开始谈论这件新鲜事：一个十来岁的孩子建立了一块自然保护区来拯救一种本地动物。1984年，李被评为佐治亚州的"年度青年自然保护者"，并作为获奖者在全州的代表们面前演讲，谈一谈穴居沙龟的遭遇。今天，这种动物仍旧处在危险之中，而向地洞中灌汽油来驱除毒蛇这种行为在佐治亚州仍旧是合法的。但是，至少穴居沙龟已经被确立为佐治亚州的州爬行动物，受到了保护。

观察、发现、行动，进而改变世界——这就是李在自己的童年时代所学到的。但他又怎么会从佐治亚州去了南非呢？他感兴趣的对象为什么从穴居沙龟变成了化石呢？

一切都源于一本书的封面。

一只成年穴居沙龟正缓缓爬向自己在沙地上挖出来的洞穴。

第三章
露西

1974年11月24日， 埃塞俄比亚。一上午的化石搜寻工作接近尾声，年轻的古人类学家唐纳德·乔纳森已经很累了，但某种预感让他决定再去一个考察点瞧瞧。在那里，他先是看到了一根臂骨，然后是一根腿骨，接下来是几根肋骨。那一刻，他突然意识到：埋在土里的应该是一副几近完整的骨架。准确地说，是某个人的骨架——这就是后来我们所知道的"露西"，320万年前的一位人类祖先。在向科学界详细地报告了他的发现之后，乔纳森写了一本面向大众的书，讲述了自己的经历。这本书就是《露西》，而《露西》彻底改变了李的人生。

李的人生历程就像过山车一样跌宕起伏，疾速转弯。他先是考上了很不错的范德堡大学，还拿到了海军奖学金。然而当他意识到，自己永远也不会像父母所期望的那样成为一名律师或政治家的时候，他退学了。他曾尝试去做电视新闻工作，还因为勇救一位溺水妇女而成为家喻户晓的英雄。但跟拍出警的警车或是报道地方新闻这种事情，并不能真正吸引他。之后，他回到了校园，在佐治亚南方大学开始跟化石打交道。他想象着自己有一天能成为一名恐龙化石发现者，搜寻下一副霸王龙骨架化石。就在一个下午，他在图书馆看到了《露西》的封面。

《露西》这本书讲述了作者如何发现了露西这位当时最古老的人类祖先，以及露西是一个怎样的人。作者乔纳森是一位严谨的古人类学家，专业技术出众。他从第一页起就一直在谈论两件事情：训练你的眼睛去看到你想看到的东西，以及做个走运的人。训练你的眼睛——这不正是李从他爷爷那里学来，并在童年时代一直在做的事情吗？至于运气，这就很有趣了——寻找人类祖先的化石就像寻找石油一样需要

露西的骨架完全出土后，科学家与艺术家合作，创作了这幅复原图（左图）。320万年前，行走于非洲大地之上的露西很有可能就是这个样子。

唐纳德·乔纳森面对着一具阿法南方古猿的头骨（上图）。

穿着军服、稍显拘谨的年轻海军新兵李·R.伯杰（右图）。

运气，只不过还要困难上千倍。

据李估计，发现人类远古祖先遗骨的概率只有千万分之一，这简直就像是一场赌博。不过李乐在其中。正如他自己说的："我总是想去拓展现有的知识疆界。"这不仅仅是因为他喜欢面对不可预知的风险——他的确非常喜欢冒险——更因为他想做出重大发现。解开人类起源之谜正是这样的重大发现，没有任何别的挑战能够与之相比。

我们是如何从猿进化为人的？为什么会发生这样的进化？我们是先学会了用双脚直立行走，还是先学会了用双手使用工具？我们的大脑又是如何进化的——它比黑猩猩的大脑大得多，并且组织结构也不同——这一切是如何发生的呢？

阅读《露西》这本书让李看到了自己的人生目标：去猎寻人类进化过程中最为关键、最为珍贵的线索。不过，《露西》一书同时也是一个提醒：寻找化石需要极为丰富的知识、勇气，以及足够的运气。现在，李已经找到了他所热爱的事情：向世界上最困难的谜题之一发起挑战。

勇救溺水者： 1986年，李在佐治亚州萨凡纳市的WTOC电视台当一名新闻摄影师。9月18日凌晨3点，他在自己的警用频道上听到一位妇女掉进萨凡纳河中的报告。他立刻赶到现场，跳入水中，救起了这位溺水的女士。李的英勇行为受到了多次表彰，WTOC电视台还为在自己公司成长起来的英雄拍摄了一个特别节目。本页中的照片就来自这个节目。就像在保护穴居沙龟那件事情上所表现出来的一样，李发现了、行动了，最终改变了事情的结果。

从挖掘现场到实验室： ❶把化石从地下挖掘出来，让它们成为可以握在你手中的一个历史片断的记录，这其实是一个漫长的过程。在南非玛拉帕拍摄的这张照片为你展示了这个过程的开端：李和他的团队正在挖掘化石。❷有时候，化石所在的岩石十分坚硬，必须要用特殊的钻机在放大镜下才能把化石小心地剥离出来。❸当化石位于较松软的土壤中时，只要用水和一个细孔金属筛子就能把化石分离出来了。如果运到实验室的化石还包裹在石头中，就需要一位技术熟练的工作人员，使用显微镜和特殊的钻机，小心地在不触及骨头化石的情况下把周围的岩石剔掉。❹发掘和清理化石的辛苦工作会持续几个月。现在的高新科技可以让我们不用触碰化石，只要使用X光和计算机，就能够得到它的"数码外形"。见"观察头骨内部"（本书第48、49页）。

第四章
猎人的陷阱

格拉迪斯瓦尔洞穴,"人类的摇篮",南非,1994年。

  这是李·R.伯杰多年来一直在探索的一个洞穴。虽然偶尔还是得躲避在附近徘徊觅食的豹子,但这个洞穴仍是他最喜欢的地点之一。有一次,李在偶然抬头的瞬间,发现自己有一大群观众:一群黑长尾猴坐在洞口对面的石壁边缘,看着李在找乐子。突然,它们发出了警报声——黑长尾猴报警的叫声是代代相传的。有些科学家认为,这种精心传承的声音是动物语言的一种原始形态。更多的猴子开始尖叫、互相报警:"天上有危险,是一只黑色的鹰!"于是猴子们开始沿着它们常走的路线奔逃……结果却中了埋伏。殊不知,第一只鹰只是迫使猴子们逃到最佳抓捕地点的一个圈套,而猴子们全都乖乖上当了。现在,第二只鹰出现了,它才是真正的猎手。只见它从相反的方向俯冲而下,转瞬之间就抓起了一只成年雄猴。

  李从没见过一只鹰能抓起像猴子这么大的动物来。他跳起来冲到车上,加足油门直奔附近的鹰巢,想看看接下来会发生什么。在那里,他看到了散落一地的骸骨,全是两只猎鹰爪下的牺牲品。李的脑筋转到了他在南非真正要研究的古人类问题上。他想起了1924年这个地区的一项关键性发现。

  在20世纪20年代,这个地区还没有"人类的摇篮"这个头衔,矿工们还在这里用炸药开采石灰岩。有一天,当他们在一个叫作汤恩的地方工作时,在碎石之间发现了一堆骨头,其中还有一个小小的头骨。一位聪明的矿工把这个头骨收在盒子里,寄给了雷蒙德·达特博士——约翰内斯堡威特沃特斯兰德大学的一位科学家。达

这张画所描绘的场景很可能就是汤恩幼儿当时的遭遇:他抬头望向天空,一只正在搜寻猎物的冕鹰雕在他的头顶盘旋(左图)。

非洲冕鹰雕是一种具有高超捕猎技巧的猛禽。它们的体重可以达到4千克,翅膀伸开的翼展达到2米。

特博士立刻认出这是一个三岁幼崽的头骨。而他接下来的发现就大大出乎人们的意料了:头骨上脊髓的开孔位置跟用双足直立行走的生物相吻合,而不是跟在树上荡来荡去的黑猩猩相吻合。

达特宣布了他的发现:在汤恩发现的这块幼儿化石(简称汤恩幼儿化石)来自于一种前所未知的生物物种,介于黑猩猩与人类之间。他就此命名了一个新的种属:非洲南方古猿。这是在非洲发现的第一个人类祖先物种。然而在接下来的几十年间,欧洲科学界都不认同达特博士的发现。今天,汤恩幼儿化石已经被认为是目前所发现的最重要的古人类化石之一。其实,李在非洲是极其幸运的。到肯尼亚发掘的第一天,他就找到了古人类的化石。此后,他来到南非学习深造,并追随达特博士的足迹,继续从事由汤恩幼儿化石所开启的化石搜寻工作。不过,在这个小小头骨以及随之挖掘出来的其他骨头上,一直存在着一个不同寻常的未解之谜。

汤恩幼儿化石是和许多动物的骸骨一起被发现的。其中大多是很小的骨头,但都不是古人类的。为什么会这样?达特博士认为,发现化石的地点是某种凶残猿类的家,它们把吃剩下的猎物骨头留在了那里。后来又有学者认为那是大型猫科动物用餐的场所。但是那些骨头与通常所发现的豹子等动物吃剩下的残骸种类并不匹配。到底是什么杀了汤恩幼儿呢？

　　当李扫视两只老鹰猎手的巢穴时，他发现，这些骨头非常像汤恩幼儿化石旁边的那些骸骨。实际上，在鹰的猎物骨头上所发现的伤痕与在汤恩发现的化石上的痕迹一模一样。会不会是一只鹰杀死了古人类的三岁幼儿，并抓着他飞到了鹰巢呢？李和他的同事罗恩·克拉克博士就这个结论写了一篇学术论文。许多科学家对此表示怀疑。他们无法想象，我们的一位祖先竟然会成为一只大鸟的盘中餐。关于"鹰食理论"的争议可不是当时李要面对的唯一问题。事实上，到2000年的时候，李想追随乔纳森足迹的梦想似乎注定要落空了。

在这张经过后期叠加制作的图片中，一只冕鹰雕正用它阴郁、犀利的眼神注视着汤恩幼儿的头骨。

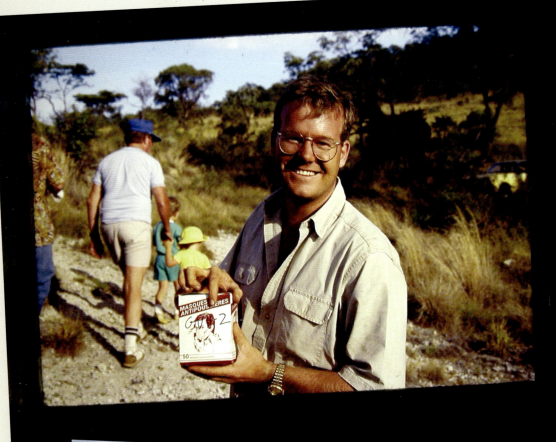

第五章
那些被忽视的细节

1991年，李展开了对格拉迪斯瓦尔洞穴最初的考察。不久后，他就在那里发现了牙齿以及其他一些古人类的遗迹。这真是太棒了！因为自1948年以来，人们在南非就再也没有找到过这样的化石埋藏地，直到李发现了这个洞穴。为此，李在1997年获得了美国国家地理学会首次颁发的"研究与探索奖"。他将这笔奖金用于仔细勘察这片地区，以寻找其他可能的化石埋藏地。可是自从新世纪开始，李似乎已经用光了他的好运气。

截至2000年，李只发现了少数几块化石碎片，这不过是为南非的史前宝藏库中添加了几块南方古猿人种的牙齿和骨头化石而已。就在此时，一位著名的科学家，同时也是这个领域内的巨匠，发表了一篇学术论文。他宣称以后可能很难再发现新的化石埋藏地了，而现有的化石埋藏地也将很快被挖掘殆尽。野外化石搜寻领域的路会越来越窄，很快就要无路可走了。

你很难去跟一篇论文争辩什么，尤其是在李耗资不菲的调查并未给他带来任何重要的新发现时。于是，李的人生又回到了刚离开范德堡大学时的状态——漂泊不定而又沮丧失落。只有当一位满怀激情的探险家找不到下一个探险目标时，才会像李这样失意。李一生的任务似乎已经终结了，因为没有人还会资助他去野外考察。这个领域里的科学技术也在发生转变，用计算机技术检测遗骸似乎已经成为了这门科学的未来。从现在起，对于人类起源的探寻将发生在计算机的屏幕上和数字化的存储器中，通向精彩的户外研究的大门似乎向李关闭了。

1994年，李在格拉迪斯瓦尔洞穴发现了第一块古人类遗骸。他把这块化石小心地存放在一个盒子中，自豪地面向镜头展示（左页上图）。在格拉迪斯瓦尔洞穴（左页下图）中，李后来又找到了另外五块化石。但是到了2000年的时候，李对自己未来要做的事情不再那么确定了。

作为一个停不下来的人，李还是找到了新的挑战。他拍摄了一个关于探险的电视纪录片，带着照相机走遍了南非那些壮观的野生动物保护区，写了几本参观指南类书籍供其他游客参考。他还成为了一名潜水高手。每到一处，他都要抓住时机去附近的海底看一看。不过，就连这些活动也能给他招惹是非。有人围绕李在太平洋一个岛屿潜水时的发现，制作了一期电视专题节目，结果却惹恼了李的一些颇爱争论的科学界同行。接下来，李读到了一篇论文。

在李和克拉克提出"鹰食理论"十年后，美国俄亥俄州立大学的一些科学家开始着手研究非洲冕鹰雕。他们精确地研究了这种猛禽如何捕猎、如何把猎物抓到空中、巢穴中剩下的猎物骨头是什么样子。结果发现，每个猎物头骨上都有相似的痕迹：锋利的鹰爪留下的凹槽，以及尖锐的鹰喙啄入眼窝留下的划痕。

看完这些内容之后，李冲回到他的办公室，打开坚固的保险箱，取出了汤恩幼儿的头骨化石，开始仔细地检查。果然，他在这个小小头骨的眼窝上也发现了鹰喙

白色箭头指出了汤恩幼儿的眼窝中被鹰啄食留下的痕迹。

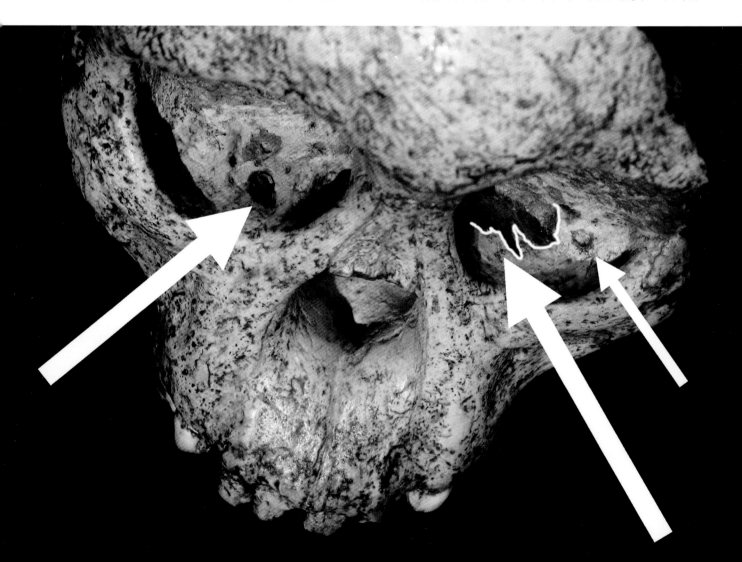

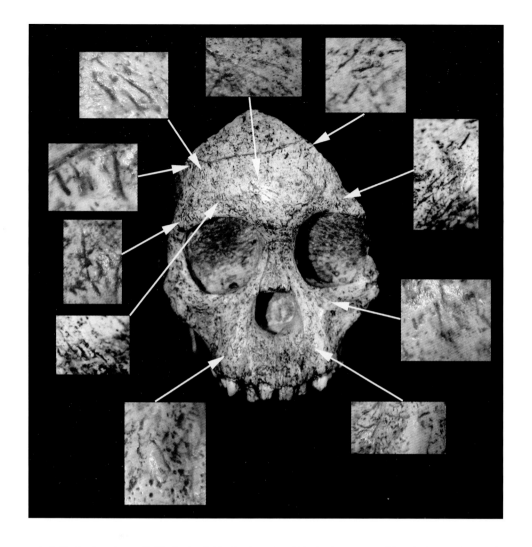

经过仔细的查找之后,李发现汤恩幼儿的头骨化石上到处都是抓痕,很可能是鹰爪留下的。

啄过的痕迹,与现代的鹰在猎物头骨上留下的痕迹一模一样,清晰可辨。结案!可是,这不仅仅是终结,更是一个全新的开始。

80年来,科学家们一直在研究这个小小的头骨,却从没有人发现过就摆在他们眼前的事实,他们忽视了"异常"现象。"有什么东西我没看到吗?"李怀疑,"是什么东西就在我眼前却被我忽视不见?"

答案是:所有的一切!在2007年12月的最后几天里,李终于意识到了这个答案。

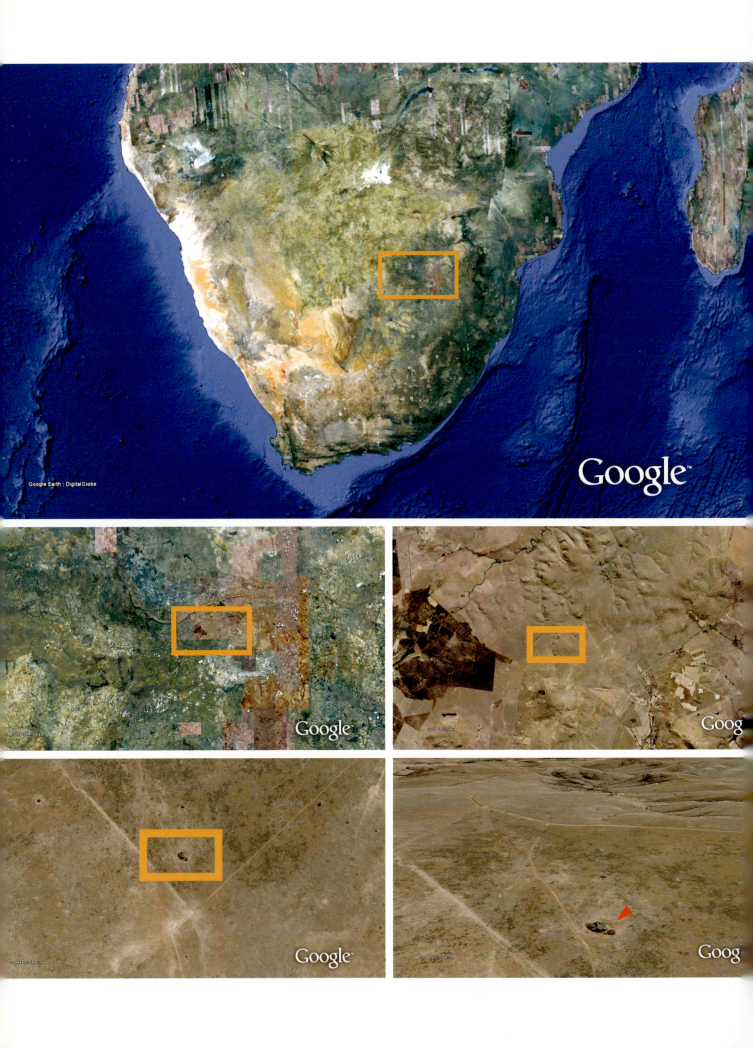

第六章
新眼睛带来新发现

与大多数人一样，李打开电脑时，也总是热衷于尝试新程序。2007年接近尾声的时候，他注意到了一个以前被他忽略的程序，那就是谷歌地球软件。当然，他也曾经忍不住输入自己的地址，用谷歌地球看看自己的街道、自己的家、自己的学校。这很好玩，但是除此之外呢？

在已经过去的17年中，李一直在探索"人类的摇篮"地区的褐色山丘。他追随着一位又一位伟大科学前辈的足迹，一直回溯到最早来到这里的达特博士。在这个星球上，大概还没有哪个地区像这里一样，被李如此仔细地梳理过，只为了找到可能的古人类化石埋藏地。李在想，能不能用谷歌地球软件查看"人类的摇篮"呢？当然了，你不能在搜索栏里输入"在羚羊中午藏身的地方"或"从左边数第二个乱树丛"。好在李之前用国家地理学会的奖金完成的那项调查中，已经记录了这些他熟悉的山丘与谷地的GPS（全球卫星定位系统）坐标。因此他能用谷歌地球软件看到老鹰捉猴子的格拉迪斯瓦尔洞穴，还有出土了著名的"小脚丫"骨架的斯特克方丹洞穴。"小脚丫"骨架是克拉克博士已经研究了十多年的一具古人类化石。到目前为止，似乎这个功能应用得还算不错。可是，等等，这是怎么回事？

当李把观察范围从大的地区缩小到具体的地点时，屏幕上显示的东西看起来就有点不对劲了。本该是山丘的地方，显示的却是小溪；本该是洞穴的这一侧，显示的却是洞穴的另一侧。发现"异常"现象的警钟在李的脑海里"当当"地敲响了。

这些图片（左页图）展示的是李用谷歌地球软件所看到的实际图像。他从整个非洲大陆开始，然后不断放大到他已经探索了17年的"人类的摇篮"地区。最后一张图片中有一个树丛，标志着一个洞穴的所在地（红色箭头指示的位置）。搜寻图在下面几页继续。

其实，一大半的异常问题很容易解决：原来，谷歌地球软件所使用的全球卫星定位系统被人为地掺入了微小的误差。结果就是，李·R.伯杰——一名"鹰级"童子军、探险家、科学家，生来就属于野外世界的人，现在却不得不坐在房间里，对着电脑屏幕一点一点地核对他的定位记录，计算如何调整图像和坐标才能让一个洞穴出现在它原本该出现的位置上。他一遍又一遍地查看整个"人类的摇篮"地区，不过不是从地面上查看，而是借用一个全新的视角——天空中的"眼睛"。

俯瞰大地，或者说仔细检视谷歌地球软件所提供的图像，李终于发现了一些他在过去17年间从未注意过的事情。要知道，仅仅凭借他和同事们的眼睛，就已经在这个地区发现了130处洞穴和20个可能的化石埋藏地，而从天空中观察将能够看到更多：那丛树林里隐藏着什么？会不会是一条地缝的痕迹，或者是一条断层线？如果是的话，那里会不会有李不曾发现的洞穴？地球上的每一

在这张地图中标出了发现过重要古人类化石的地点（红色圆点）。包括玛拉帕在内的几个圆点集中的地区，就是"人类的摇篮"的核心地区。

处凹陷都有可能是一个塌陷的洞穴——那是骸骨可能被埋藏、固定、保存起来、免受破坏的好地方。到了2008年夏天，李已经用新方法确定了600个洞穴，以及超过30处新的化石埋藏地。李，以及在李之前的几代科学家们，都被传统的化石搜寻方式蒙住了双眼——他们只看到了自己想要看到的东西。在"人类的摇篮"地区的凹陷与起伏的地形之间所蕴藏的可能性远远超乎想象。现在，他要做的就是走出门去，对这些新发现的地点进行实地考察。

从哪里开始呢？既然李想要寻找新的化石埋藏地，他觉得自己最好是从一个新地点开始。于是，他选择的第一处考察地点离格拉迪斯瓦尔洞穴以及他所熟悉的其他地区都尽可能地远。实际上，这又是一个错误——李后来称之为"后院综合征"。人们一般都会觉得，在自己非常熟悉的地方很难再发现新东西。可是，真的如此吗？虽然你对这个地方很熟悉，但也仅仅说明了在以前的技术条件下，你对这一地区的了解程度如何。而有了谷歌地球软件以后，一切变得不

在这张图片中，格拉迪斯瓦尔洞穴在左边的山丘后面。2008年7月的最后一周，李勘察了前面这处树丛之下的洞穴 **1** 以及用红星标出来的那个洞穴 **2**。接下来，他去了后面那座山，从那里沿着右边那个山丘的斜坡走下来之后，他发现了玛拉帕 **3**（见上图）。

李大步流星地走在去玛拉帕的路上，爱犬涛则一路小跑跟在旁边。

一样了。

　　渐渐地，李的考察地点挪了回来，越来越接近他家附近的地区。当他出发去寻找化石的时候，会把自己那只名叫"涛"的爱犬带在吉普车上，有时还会带着儿子马修或是十几岁的女儿梅根，抑或是找位朋友陪着自己。从2008年5月、6月，一直到7月末，李在电脑屏幕上注意到了离格拉迪斯瓦尔洞穴不太远的一处树丛。他后来给那个地方起名叫"玛拉帕"（在当地的塞索托语里是"家园"的意思）。成丛的树木往往标志着此处有坍塌洞穴。不过李在1998年曾经勘察过这个地区，当时他十分确定这里已经不存在什么秘密了。但是就在8月1日这天，他在地面上注意到了一条小径——这通常标志着矿工们曾用爆破的方法在此寻找过石灰岩。沿着这条小径走下去,李在沿途发现了47处以前没有见过的洞穴。两周后,他重新回到了这里,还带着涛、他实验室的博士后乔布·凯比,以及一位小客人——他的儿子马修。

就是在那里,刚刚走到了树丛之外的马修被什么东西绊了一下,然后他叫了出来:

"爸,我找到了一块化石!"

李在谷歌地球软件上看到了一些地方,看起来很像洞穴 **1**(上图中的红星处)。他去考察了那些地方,并在2008年8月1日这天发现了玛拉帕 **2**(下图中的红星处)。两周后的8月15日,李和儿子马修再次来到了玛拉帕,马修就在这里发现了源泉南方古猿的第一块重要化石。

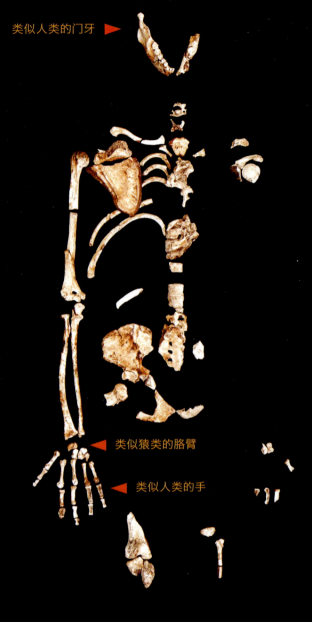
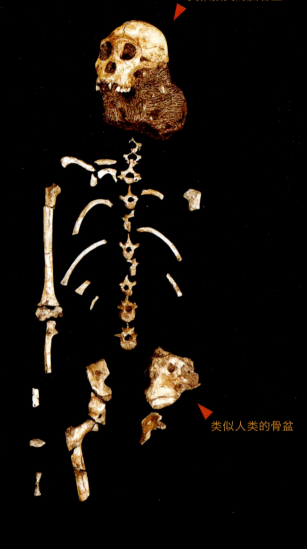

第七章
答案

李反复翻检马修找到的那块化石，他在里面发现了一块下颌骨和一颗牙齿。回到实验室后，他们在这块化石中找到了更多的东西——骨架中的上肢骨。李迫不及待地想要立刻再回到那个地点去，但他需要得到政府的许可后才能进行发掘。最终，在9月4日，李和13位同事回到了玛拉帕，开始仔细勘察这里的古老洞穴。

研究人员一大清早就来到了玛拉帕，大家信心满满，情绪高涨。每个人都想搞清楚马修发现的化石究竟是从哪里来的——那个地点很可能还埋藏着更多的古人类化石。可是，直到上午10点钟他们歇下来喝口茶的时候，仍旧是一无所获。这块化石有没有可能是从附近的46个洞穴中被炸飞出来的？它会不会来自一个已经被矿工破坏了的洞穴？太阳越爬越高，这个新发掘的坑洞侧墙上的阴影在慢慢移动、变小。就在坑壁跟前，李瞥见了本来藏在阴影中的一块骨头，是一块肱骨！没错，就是他在博士论文中仔细探讨过的一种骨头！紧接着，他又看见了第二块骨头，那是一块肩胛骨，同样是他读博士的时候曾经仔细研究过的骨头！李简直不敢相信自己竟然这么走运！他下到了挖掘坑中，当他用手摸着那面坑壁时，两颗牙齿掉在了他的手心里。李感觉自己就像是童话故事中的爱丽丝，掉进了一个神奇的兔子洞中，来到了无与伦比的仙境。

马修所发现的化石，最终被证实来自于一位年轻的男性古人类，他的年纪大概在11岁到13岁。之所以能够估算出他的年纪，是因为李和他的同事后来几乎发掘出了他的整副骨架。我们能够看到他的骨头本来还在生长之中，他正在长牙。我们很

左页右侧是卡拉博的骨架，他的头骨还没有与岩石分开；左侧是那位成年女性的骨架（见本书第39页）。注意到了吗，他们混合了猿与人的特征，这让源泉南方古猿成为极具发现意义的化石。

快就能对他有一个更全面的了解了，这需要用到一种叫作"同步加速器"的研究设施，这是世界上最昂贵的大型实验设施之一。在法国就有一台这样的同步加速器，科学家在那里对找到的牙齿进行了分析。通过特殊的显微技术，我们能够看到牙齿内部牙釉质的层次，这是牙齿的主人在成长过程中留下的印记。根据牙釉质的层数就能知道牙齿主人的准确年龄，甚至能精确到天数！

为了给这个古人类男孩取一个名字，他们在南非全国范围内进行了广泛的征集。最终的胜出者是一名叫欧姆菲米斯特·基佩尔的女孩。她给骨架取的名字是"卡拉博"，在当地语言中是"答案"的意思。卡拉博身高大概1.3米，体重在30千克~45千克（体重比身高更难估计，因为所有脂肪和肌肉都已经不复存在了）。他还在发育的

位于法国格勒诺布尔市的同步加速器实验室。在夜里，它看起来就像一艘刚刚着陆的外星飞碟，散发着神秘的光芒。

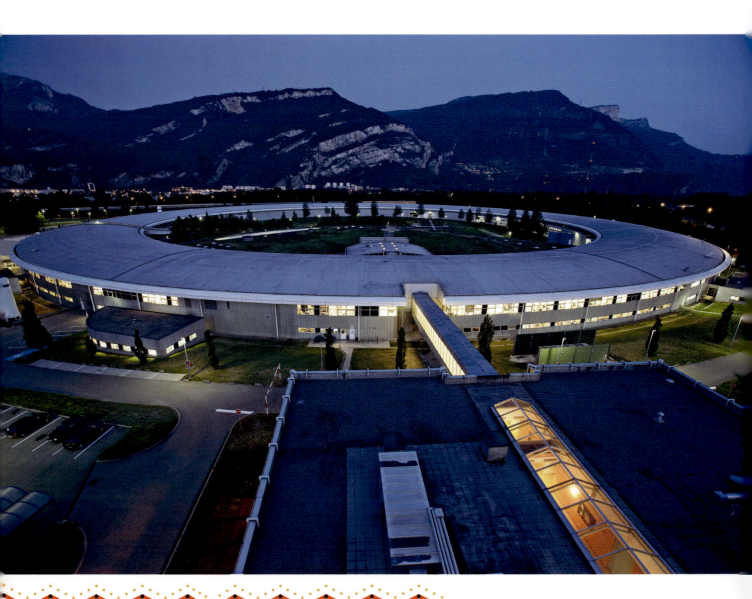

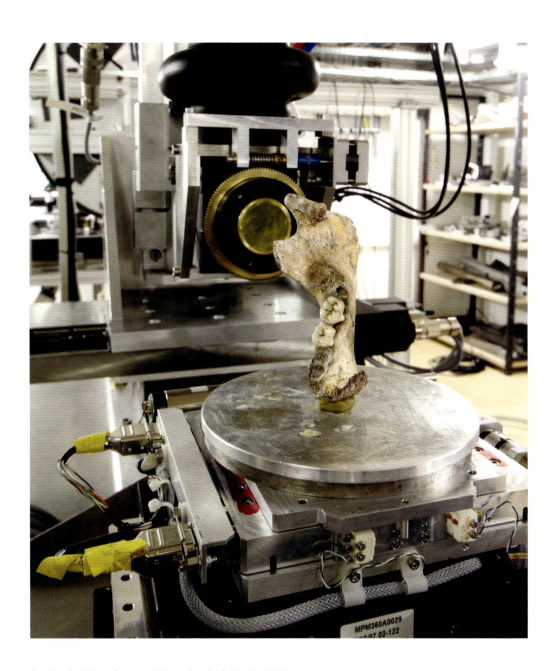

卡拉博的牙齿和下巴即将在同步加速器中接受检测。

年龄，如果没有死去的话，他本该继续成长。

李发现的第二位古人类是位成年女性。卡拉博和她会是一家人吗？甚至会是母子俩吗？要想利用DNA鉴定技术回答这个问题是很困难的，因为从已经成为化石的遗骸中找到DNA的可能性微乎其微，科学家们不会坐等这种渺茫的希望。他们试图发明一些新方法，来确定这两副骨架之间到底有没有血缘关系。要知道，科学家们以前还从未面对过这样的问题，因为从没有过两副这么完整的古人类骨架在相邻这么近的两个地点被发现。除此之外，我们很有可能从两副骨架的某些骨头碎片表面，得到已经石化的古人类皮肤——这同样是前所未有的，甚至是以前连想也不敢想的事情。而且，在玛拉帕为我们开启的美妙研究前景之中，这还只是很小的一

捕捉重大发现的瞬间： 2008年9月4日，李和乔布·凯比正在玛拉帕的发掘坑内工作。那一天，团队的所有科学家进出这个发掘坑不下几十次，却仍旧没有任何新发现。

部分而已。

想想吧，这是多么不可思议的事情啊！在马修发现卡拉博之前，除了露西以外，我们几乎没有来自180万年前的稍微完整一点的古人类化石骨架，更没有至关重要的200万年前的化石骨架，而这个时期恰恰是现代人类的祖先直立猿人进化到像"露西"那样的古人类的过渡时期。在此之前，李已经用了17年的时间去寻找，却只找到了几块化石碎片。可是现在，有整整两副令人惊叹的骨架化石可以研究，而且很快还会找到更多。李和他的团队已经找到了真正意义上的宝藏，这远比最疯狂的海盗寻宝梦还要疯狂！

李在玛拉帕发现了坑壁上的女性骨架碎片之后立刻拍摄的照片。李和乔布·凯比膝盖之间就是那块含有男孩肱骨的化石。

我们现在已经知道了,在玛拉帕至少还有另外四位古人类的遗骨。确定这些古人类所生存的年代则是另一项有趣的解谜工作。不过这并不困难,因为我们借助一些精妙的科学工具,已经知道了如何解读这些藏有骨架的化石中所蕴含的时间之谜。

上图是发现男孩肱骨化石之后拍摄的一张特写照片。一个2兰特(南非的货币)硬币放在旁边作为参照物,这种硬币和五角钱的人民币硬币大小差不多。

第八章
卡拉博的年代

为什么我们祖先的化石会这么稀少，又这么珍贵呢？

原因就是，从卡拉博的那个时代开始，大自然中的一切力量都在与我们作对，阻碍着化石的形成。如果一个人是被动物杀死的，那他的骨架就一定会被扯得四分五裂，还会被啃得乱七八糟。即使这个人是在一个相对安全的地方死去的，在接下来的几百万年中，他的尸骨还可能要经受风霜雨雪、滑落的山石、暴发的洪水，以及人类后代的建设和破坏活动。这些都会损毁古人类遗骸。只有在非常走运的情况下，一块骨头才有可能变成化石，并被保存下来。这也就意味着，从一开始，骨头就要被土壤包裹起来。然后，随着时间的流逝，骨头中的有机物质逐渐被矿物质所取代、置换，却仍然准确地保留了骨头原始的形状，这样就形成了化石。所以，科学家们要到干涸的河床以及古老的洞穴中去寻找化石，因为只有这些地方的土壤才有可能被原封不动地保存下来。他们要像小说中的侦探一样，从土壤中仔细排查线索，搞清楚什么样的地质构成才最有可能埋藏着秘密——那些被时间和好运所封存起来的秘密。

从这儿开始，李和他的团队所面对的就是一种全新的挑战了。一块骨头化石被挖出来的时候，上面可没贴着任何信息标签。科学家们需要想办法测定它的年代，并搞清楚它是一块什么骨头。这些问题并不容易回答。不过，所有曾经活着的生物，其体内都含有碳元素，其中的某些碳元素会发生衰变，可以据此测定年代。所以说，研究人类文明史的那些古人类学家是很幸运的，能够使用碳测年法确定研究样品的年代。但碳测年法只适用于距今4万年之内的生物，像露西这样300万年前的化

在卡拉博骨架的发掘过程中，我们找到了很多骨头化石，而且保存得非常完好。这让我们可以相当准确地重塑卡拉博的样貌（左页图），几乎每一个细节都是可信的，只有鼻子除外——因为鼻子很难精确地通过骨骼去还原。请注意他脸上挂着的淡淡笑容。

石，就没法用碳测年法去确定年代了。

乍一看，似乎可以利用一条与大地有关的简单常识来确定化石年代：越是下面的地层，年代就越久远。因为随着时间的流逝，新的一层岩石、土壤或是植物就会堆积在旧层上面。不过，每个小时候曾在海边玩过沙子的人都知道：一旦发生坍塌，这种像蛋糕一样的层叠结构就会随之倾斜、毁掉。除此之外，还有地震、地陷，或者是动物挖的地穴和植物的根系盘绕所造成的干扰。就算是有位聪明的科学家真的能够把土壤沉积物完全按时间顺序排列好，并且搞清楚化石最初到底是在其中哪一层，他所得到的也只是一个时间顺序而已，还不是真正的年代信息。要计算出年代和土壤层之间的关系，这等于又给科学家们出了一大堆的难题。

玛拉帕附近洞穴中的钟乳石（右上图）。对于这种钟乳石以及流石等其他岩石，科学家们能够通过铀－铅测年法得到的曲线（右下图）来测定其形成的年代。这张铀238和铅对照图的数据来自玛拉帕的一块流石，其中的红线代表铀238的含量（单位：ppm），而蓝线代表铅的含量（单位：ppm）。

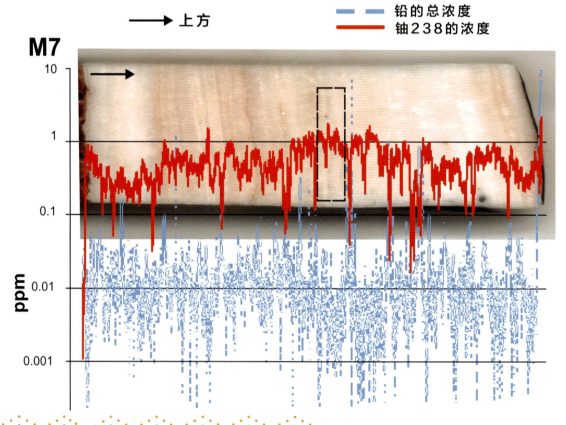

有一个确定土壤中出土物年代的方法,就是去看看在你挖出来的物体附近都有什么。如果化石的周围有一些远古植物或动物的遗骸,你可以去查查它们的生存年代,你找到的化石应该与它们处在同一时期。这种比较和估计的方法被称为"相对测年法",因为它得到的是一个宽泛的年代范畴,不是一个准确的年代。要得到更精确的结果——也就是科学家们所说的绝对测年——你还要了解岩石的内在奥秘才行。

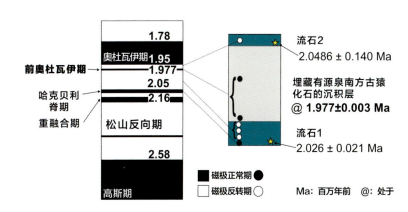

源泉南方古猿的化石被发现时夹在了两层流石的中间。两层流石都用铀-铅测年法测定了年代。而化石旁边的磁性颗粒则与197.7万年前到198万年前之间发生的磁极反转情况相吻合。这样一来,我们就知道了源泉南方古猿生活的准确年代。

从20世纪60年代起,科学研究工作有了越来越巧妙的手段来揭开岩石中的秘密。其中有些方法所利用的是岩石之中的放射性元素含量。举例来说,如果一块岩石的化学组成中含有铅元素,那我们可就走运了。因为人们对于铅元素的形成过程非常了解。铅有四种类型,或者说有四种同位素形式。其中有两种是铀元素经过几百万年的缓慢衰变而形成的。只要测量一下现在岩石中还剩多少铀,又有多少铅,我们就能知道这块岩石的年纪了。这就是铀-铅测年法。此外,我们还知道,地球的磁极会发生周期性的反转——也就是说,现在的北极曾经是南极。如果土壤中存在铁的颗粒,我们就可以测定它们的朝向,看它们是朝向现在的磁极方向还是以前的磁极方向,并且与仔细标定过的磁极反转年代图进行比对,就像是把一组线条与条形码进行比对一样。通过这种比对就可以知道岩石的年纪,这称为"古地磁测年法"。非常走运的是,源泉南方古猿化石位于两层流石中间,这样我们就可以同时使用铀-铅测年法和古地磁测年法来测定。这些岩石中的微小铁颗粒就像被磁铁吸引的铁粉一样朝着一个固定的方向,且只与某个特定时期的地球磁极反转情况相吻合。确切地说,是与197.7万年前到198万年前之间的磁极反转相吻合,仅有3000年的狭窄范围。我们就此推断出了源泉南方古猿生活的准确年代。但是它们究竟是一种什么样的生物呢?更像人类,还是更像猿类?怎么才能知道答案呢?

我们仍旧要通过比较来确定。只不过,这一次要做的会复杂很多。对于现代人类，以及和人类亲缘关系最近的现代黑猩猩，我们都有着非常透彻的了解。但如果发现的骨头化石既有人类的特征又有黑猩猩的特征，那该怎么确定它处于进化中的哪个位置呢？比如说，它可能具有人类的特征，可以双足直立行走，长有与四指相对的拇指；同时又具有猿类的特征，拥有相对较小的脑部或锥形的胸部。这样的物种该如何分类呢？更糟糕的是，如果大部分化石已经成为碎片，甚至是扭曲变形，或是残缺不全了，又该怎么办呢？科学家们所面对的，是这世界上最难完成的拼图游戏。对于每一块新发现的化石或是化石碎片，他们都要查看所有已经发现的相似的化石或碎片，尝试把新发现的物种与已有的物种排列到一起，组成一个完整的进化序列。以前，科学家们认为他们能够把已发现的人科物种按时间顺序排列成一个清晰的阶梯：首先是古代的黑猩猩；其次是能够直立行走的类似黑猩猩的生物；之后是能够用双足行走并拥有更大脑部的物种；最后是人类。但是后来，科学家们逐渐发现了众多不同的人类祖先分支，没有人敢确定地说究竟哪一个物种才是另一个物种的直接祖先了。

我们相信，在数百万年前，自然的造就使非洲大地上出现过一群又一群能够直立行走的动物。想要了解这些不同物种的化石，你招来的疑问会比答案更多，甚至连古人类学家所使用的专业术语和定义都可能要做出改变。我们过去所说的"人科"是一个很大的分类，包括我们自己、我们的祖先，以及我们的灵长类近亲。而现在，李和其他很多科学家更愿意使用另一个词——"人族"。"人族"的称谓仅定义为我们人类以及类似人类的物种，区别于黑猩猩、大猩猩、倭黑猩猩、猩猩以及长臂猿属。不过，人类与非人类的物种又该如何区分呢？如果专家们就这个问题发生争论，那就让他们去争论好了。想想看，要把所有已发现的古人类物种填在黑猩猩与人类之间的正确进化位置上，这难道不是一件让人头痛的事情吗？

而马修的发现为这个高难度的拼图游戏填上了很大一块。

时间线：在非洲发现的著名化石

1924年， 雷蒙德·达特在南非的巴克斯顿发现了汤恩幼儿化石，并以它命名了一个全新的属名和种名：南方古猿非洲种。据他估计，汤恩幼儿的生存年代距今超过100万年。而后来的研究表明，其实际年代在250万年之前。

1947年， 罗伯特·布鲁姆和约翰·罗宾逊在南非的斯特克方丹岩洞发现了当时最完整的早期人类头盖骨化石。布鲁姆把它归类为更新猿，于是报纸根据这个属名的前几个字母，给这个头盖骨起了个昵称——"普莱斯夫人"。不过，后来这块化石还是被归为与汤恩幼儿一样的物种。

1959年， 露易斯·利基和玛丽·利基夫妇在坦桑尼亚的奥杜瓦伊山谷发现了长着巨大牙齿的早期人类化石，新闻报道戏称它为"胡桃夹子人"。这可比它的学名"鲍氏东非人"好记多了！只过了几年时间，利基夫妇就在1962年又发现了拥有更大脑部的古人类。一起被发现的还有一些工具，于是这个物种被称为"能人"，意思是"手巧之人"。

1974年， 唐纳德·乔纳森和汤姆·格雷在埃塞俄比亚的哈达尔发现了当时最完整、也是最古老的早期人类骨架化石。这副叫作"露西"的骨架有超过300万年的历史，是一个全新物种，称为"阿法南方古猿"。几乎一夜之间，她就成为了化石界的超级明星。

1984年， 卡摩亚·基米尤是理查德·利基领导的古人类考察团队中的一名成员。他在肯尼亚北部的图尔卡纳湖西岸发现了一副年轻男孩的骨架，后来被称为"图尔卡纳男孩"，属于直立人物种，生活在距今160万年前。有些报道把他描述成一个高大魁梧的年轻人，实际上他的脊椎有轻微的畸形。

1992年， 由蒂姆·怀特领导的一个团队在埃塞俄比亚发现了某些古人类的第一批遗骸，这在当时被认为是已经发现的最为古老的人类祖先物种，生活在距今450万年到500万年之间。他们将其命名为新的种属名——始祖地猿。

1996年， 在罗恩·克拉克的指导下，斯蒂芬·莫丘弥和恩奎恩·莫勒非在斯特克方丹岩洞的地下深处发现了一副相当完整的骨架，这很可能是一个全新的古人类物种。这副昵称为"小脚丫"的骨架在当时是已发现的最完整的古人类骨架，有着250万年的历史。

2001年， 由米歇尔·布鲁恩耐特领导的一个团队在乍得发现了可能是最古老的人类祖先——乍得沙赫人。化石昵称为"图迈"，有着600万年到700万年的历史。这个时间非常接近于黑猩猩与人类祖先在进化史上分道扬镳的时间点。

2008年， 李·R.伯杰和马修·伯杰父子俩在玛拉帕发现了源泉南方古猿的第一块化石。

观察头骨内部： 李把自己在玛拉帕发现的头骨带到了法国格勒诺布尔市，利用同步加速器超强的X射线来观察头骨的内部结构。**1** 李正在检查头骨是否受到了损坏。这个头骨是装在防震箱中通过海运到法国的，但为了以防万一，李还要检查一下。**2** 接下来，把头骨放到一个特制的容器中，并且固定在了X射线光束的正前方。**3** 同步辐射的X射线太强了，不小心就会对人造成伤害。所以李只能在实验舱外，透过能阻止X射线的含铅玻璃窗观看实验过程。**4** 李和他的同事们迫不及待地想要看到同步加速器给出的实时测量结果。**5** 最终，数据被整合到一起，得到了历史上分辨率最高的古人类头骨化石的数码复制品。

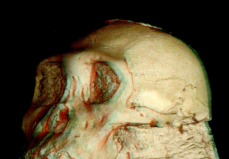

第九章
源头

卡拉博和另外五个人究竟为什么会死在玛拉帕的这个洞穴中呢？李为新发现的古人类所取的学名是源泉南方古猿。"源泉"在这里有双重含义。首先，它指的是泉水。因为在几百万年之前，这个洞穴很有可能是一处天然井，这些古人类可能是在找水的过程中不小心落入井中的。卡拉博的胳臂被折断了，断裂方式与人类从高处落下时造成的骨折一样。这里潮湿土壤的化学成分非常特别，当被土壤包裹的尸体腐烂时，周围的泥土会迅速变硬，形成一种像混凝土一样的东西，把骨头保护起来，使它们最终能够形成化石。"源泉"还有一层含义，是指"源头"——既是水的源头，从另一种意义上说也是我们人类的源头。

源泉南方古猿到底是一个怎样的物种呢？它又能告诉我们什么呢？

灵长类动物总是集体行动的，就像那些在"人类的摇篮"地区欢迎外来访客的大群现代狒狒一样。实际上我们自己也差不多，总是更喜欢生活在家庭之中，而非独自居住。很可能，卡拉博当时也是与他的亲人一起，穿过一片片高大的黄木林，生活在一个危机重重的干旱世界。在玛拉帕还发现了剑齿虎和鬣狗的骨头，这些食肉动物可能也是在急于寻找水源的时候跌落到天然井中的。此外，就像我们已经在汤恩幼儿身上看到的那样，死亡的威胁还有可能从天而降。但源泉南方古猿具有一种极大的优势，让他们能够与黑猩猩区别开来。

源泉南方古猿的手与现代人的手有一种相似之处让人印象深刻，那就是拥有能够充分与其他四指相对的大拇指。黑猩猩的手非常适于抓住粗壮结实的树枝，以便在树木之间荡来荡去；而源泉南方古猿的手能抓住并使用更小的物体。源泉南

李和画家约翰·格尔车通过共同努力，想象和描绘出卡拉博坠入致命洞穴时的场景（左页图）。

方古猿的头相对较小，他们的大脑比黑猩猩的只大一点点，但是源泉南方古猿大脑的结构却与黑猩猩不同，其多出来的部分可能是用来处理语言或者其他一些更为复杂的问题。可以肯定的是，卡拉博所在的群落能够发出声音——不是以句子或词语的形式，而可能是一种喊叫。他们甚至有可能使用手势作为一种符号语言。最后值得一提的是，源泉南方古猿长着奇怪的脚。他们的脚后跟与我们的很不一样，同时他们可能也不能再像猿类一样用脚趾去抓东西了。他们的身体既适应了在树上的生活，也适应了用双腿在地上行走的生活。

源泉南方古猿的形象是一个混合体。他们长着像猿类一样的长臂，却又有着与其他古人类相比更像现代人类的手，甚至比某些年代更晚的古人类物种还要像人类。他们的脑部很小，但卡拉博与成年女性脑部大小却几乎一样，这一点又很像我们人类。同样像我们人类的是，卡拉博长着相对较小的犬齿。卡拉博的身体构造不是为了恐吓群体里的其他雄性，实际上，他口腔周围的骨骼结构表明，他能够做出微笑的表情——黑猩猩可没有这个本事。当李讲述这些令人费解而又引人入胜的特征时，你能在他的声音中听到一些不同的意味。当然，他是一名科学家，一名很会演讲的科学家。他曾经在很多人面前讲述过这些故事，包括纳尔逊·曼德拉、珍·古道尔，还有比尔·克林顿。他的话语中总是流露出一种温柔，甚至是一种爱意。他爱他儿子在石头中发现的这种神奇生物，他爱这份来自于远古时代的珍贵礼物。这份礼物经由穴居沙龟、非洲冕鹰雕、谷歌地球软件，最终才传递到了他的手中。李爱它的主要原因可能就是，源泉南方古猿本身就是一种他眼中所谓的"异常"现象。

卡拉博的牙齿保存得非常完好，我们能够从中推测出他的饮食状况。几乎所有的灵长类动物都会吃身边能够找到的可食用的东西。的确有一个古人类物种因其巨大的牙齿而出名——他们能用这副大牙咬碎一切食物，从结实的鲜肉到强健的植物。而卡拉博的食谱和巨齿古人类不太一样，他可能主要吃浆果、种子、果实，最多还有树皮。只有人类的很少几个远亲才有着这么挑剔的食谱，比如稀树草原黑猩猩。人类学家吉尔·普鲁兹认为，这种黑猩猩能够制造矛，并且显示出其他一些显著的人类特征。源泉南方古猿是不是也懂得如何制造工具呢？李·R.伯杰认为，要

卡拉博的手掌化石能放进一个现代人的手中（右页图）。这种来自于将近200万年前的奇特生物有着与我们人类惊人相似的手指。

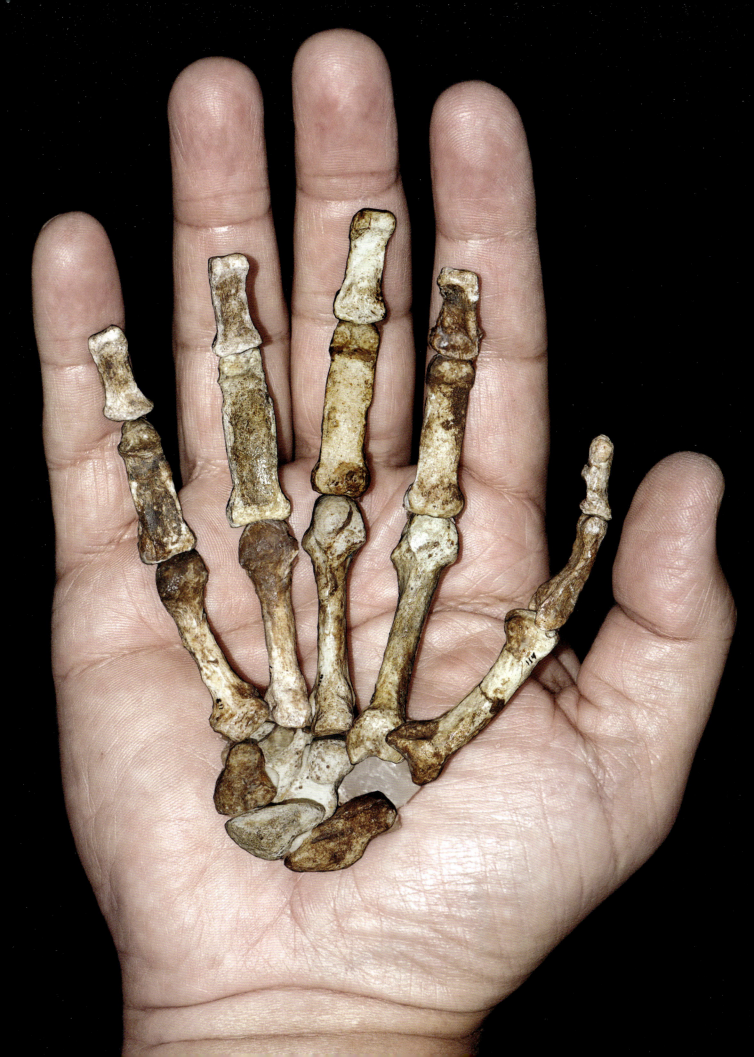

得出这样的结论还言之过早。但是当他这么说的时候,他的眼睛闪烁着求知的光芒,你就知道,他那永远活跃的头脑从未放弃过要去证实这样的结论。

我们对于源泉南方古猿研究得越多,就越会发觉我们对于他们的了解是如此之少,而等待我们去发现的东西又是如此之多。就像美国亚利桑那州立大学的古人类学家威廉姆·金贝尔对美国《国家地理》杂志所说的那样:在源泉南方古猿被发现之前,"只有少数几块来自同时期的化石,你能把它们全部放到一个小小的鞋盒中,甚至还有足够的空间再放进去一双不错的鞋子",而源泉南方古猿的化石不但可以挤走鞋子,而且还需要一个更大的盒子。

对源泉南方古猿和稀树草原黑猩猩牙齿的对比研究表明,他们所吃的食物很相似。

或许,李的发现真正能够令年轻人振奋的原因是:它所留下的这些有待去开发的空白,以后就需要下一代探险家去努力填补了。这其中可能会包括那些被这本书所激励的人,就像当年被《露西》所激励的李一样。而在这一过程中,李将会给年轻人以帮助。我们会在本书第59页再来谈谈这件事。

首先,我们得想想如何去搜寻化石。李的工作是从土地中发掘东西,而马修在脚下找到的锁骨原本是被矿工的炸药炸飞出来的。但是李深知破坏性寻找的危害——不仅会毁掉化石,更是对自然环境的践踏。李的妻子杰姬是一位经验丰富的放射线学者。她所掌握的X射线断层扫描技术让科学家可以看到仍旧包裹在松散岩石内部的化石,并为化石构建模型。李相信,有一天,我们不再需要去挖开土地,就能够看到其中所蕴藏的瑰宝。就连李十几岁的女儿梅根也发明了新的方法,来测定像玛拉帕这样的地方会以多快的速度形成化石。这个方法甚至还赢得了一个奖项。如果我们能够懂得如何去看,我们自然就会看到更多。

其次,我们需要学会用全新的角度去看世界。与其他介绍人类起源的书籍不同，这本书中没有一幅图表为你介绍人类的进化过程，也没有用虚线标出不同古人类物种之间的亲缘关系。其实，这种图在互联网上有很多，比如这个网站所示：http://humanorigins.si.edu/evidence/human-evolution-timeline-interactive。不过，你会在本书第60页看到，李希望我们改变头脑中固有的印象：人类的进化不是一条直上直下的阶梯，也不是一棵枝杈分明的大树，而像一条分分合合的河网——不同的物种会在发展过程中彼此会合。对于这一点，我们才刚刚开始有所了解。

人们会合到一起，彼此交融的图景，恰恰也是南非国旗所体现的特征。这面国旗让我想到了源泉南方古猿所代表的第二层含义——源头。南非是一个很新的国家，直到1994年才从白人的种族隔离政策中彻底解脱出来。这个国家与人类古老过去的联系同时也象征着他们在人类历史上全新的开端。

正如南非政府的官方网站上所解释的，南非国旗中心的Y形图案可以视作南非社会不同力量会聚到一起的象征，意味着"走向统一"。

第十章

如果李错了呢？

我先是读到了李的故事，继而见到了他本人，并由他作为向导，带着我参观了玛拉帕。然后，我才写了这本书。显然，我所介绍的李的过去，李的发现，以及这些发现的意义，全是源于李自己的陈述。总体上来讲，科学界不仅承认了源泉南方古猿的存在，同时也接受了李在这项研究中所使用的方法。但是，就像科学研究中常常会发生的那样，仍然有些学者对此结论心存疑虑，怀疑源泉南方古猿的意义——他们在人类进化史上的地位真的那么重要吗？不过，同样也有学者对自己的发现始终满怀热情。与李共同撰写了"汤恩幼儿论文"的那位克拉克博士，已经在"小脚丫"化石上倾注了超过15年的心血。他坚信，"小脚丫"就是那些长着大牙的古人类的祖先。

对于这些质疑的声音，李当然有自己的看法，而他的看法恰恰与我在这本书中所持的立场一致。要解释这个问题，还要回到我在李的实验室所观察到的一些事物上。李是一个有着强大精神力量的冒险家，这种个性与他有时所戴的印第安那·琼斯式的帽子十分般配。然而他并不是一个孤胆英雄，他同样很喜欢合作，喜欢与一群同行一起讨论问题。科学研究就应该是这个样子，因为它正在这个星球上的每一个角落进行着。与独自发光发亮相比，年轻的科学家们更重视合作，或者至少把这两方面看得同等重要。

从李看到马修手中的那块骨头开始，他的原则就是要与整个科学界共享这一切。现在，有超过85位科学家从事着源泉南方古猿和玛拉帕各方面的研究。这个工作早已超出了李的掌控。这个领域内最好的专家们会彼此分享观点，共同开发新的

2011年，由美国《国家地理》杂志举办的一个讲座中，李正在神采奕奕地介绍他的发现（左页图）。

研究技术，同时，在对化石的具体解读方面仍会维持百家争鸣。他们最终共同得出的结论才是真正重要的，至于李是否正确反而不那么重要了。

当然了，源泉南方古猿的发现对李而言绝对是件好事。他在世界各地跑来跑去，介绍这个重要的发现。不过在某种意义上来说，这已经不再是"他的"发现了。他已经把源泉南方古猿交给了所有人——包括你在内。他很确定，在提出了"鹰食理论"之后，一定还有很多其他的线索围绕着他，却被他忽视了。而你或许将找到那些被李忽视了的线索。所以，在这本书中，李要把接力棒传给你，鼓励你去训练自己的眼睛，走近大地，找到那些"异常"之处，然后做出下一个关键性的科学发现。李知道，源泉南方古猿已经交到了可以信赖的整个科学界手中，而你也有可能加入研究古人类化石的科学家行列，所以他现在自由了。李·R.伯杰终于能够回去继续做他

李戴着他那顶印第安那·琼斯式的帽子，正在野外进行发掘工作（上图）。源泉南方古猿化石登上了很多杂志的封面，包括《科学美国人》（下图）。

最爱的事情了，那就是——探险。

马修找到的一块锁骨开启了一次科学探险之旅，而每一个读过这本书的你同样可以加入发现和探索科学的旅程中来。为了确保这一点，李和我决定做一个尝试。那就是，每当有科学家完成了一项关于源泉南方古猿的研究工作，并通过研究论文向科学界发表他的成果之后，我们都将在下面这个网站上向你解释这些成果的含义：www.yourfossilworld.org。任何一个读到这本书的人，都将和最资深、最专业的科学家一样深入地了解这个领域的前沿进展，了解源泉南方古猿为人类进化研究所开启的大门。我们这样做，是想让你能够加入到这场探险活动中来，让你能够发现我们所忽视的东西，让你能够成为下一个"异常"现象的发现者。

科学界最大的未解谜题之一就是："北京猿人"的化石究竟去了哪里？这块头骨化石来自于大约50万年前，在第二次世界大战中遗失。李认为自己已经找到了这道谜题的答案，他正前往中国加以确认。

纵横交错的河网：
从源泉南方古猿到现代人类的进化新视角

现代遗传学的广泛应用，以及一直都在增加的化石证据，正在改变着科学家们对于进化研究的视角。之前，人类的进化图谱一直被描绘成一棵有着许多分枝的大树，而李提出，更恰当的比喻应该是纵横交错的河网。它有着许多不同的"水道"，有些"水道"与"主河道"分开之后就终结了，而另一些则可能又重新合并进来，为"主河道"添加了新的"水流"。举例来说，我们现在已经知道，尼安德特人曾经与现代人类的祖先繁衍，从而把他们遗传物质中的一小部分传给了我们。在上面这张河网的图片中，我们看到从200万年前的源泉南方古猿到今天的人类之间，还有一些不同的物种作为分流节点分布在"水道"上。

扩展阅读推荐书目

这是第一本介绍源泉南方古猿的书（适用于所有年龄层的读者），因而在此之前出版的书籍所呈现的人类进化方面的观点，必然要经过科学界的重新检验。不过，这些书籍当中很多都是富有思想而逻辑清晰的，并且建立在谨慎的科学研究之上。这并非自相矛盾，因为科学的本质就在于不断地提出新的问题，应用新的方法，做出新的发现。下面是我们为你选择的一些很棒的资料，划分成了几个部分：人类进化的历史（仍是非常有用的知识），李早期的研究，以及源泉南方古猿的知识。我们的建议是，按照这几个部分的先后顺序来阅读。这就像是阅读一个畅销小说系列——只有看过前面的故事，才能享受后面的精彩，以及享受故事发展过程中充满传奇和颠覆性的惊喜。

*打星号的内容专为老师、父母以及中学年龄段的读者们所准备。

人类进化的历史

*Johanson, Donald, and Maitland Edey. *Lucy: The Beginning of Humankind.* Simon & Schuster, 1981.

Loxton, Daniel. Evolution: *How We and All Living Things Came to Be.* Kids Can Press, 2010.

Rubalcaba, Jill and Peter Robertshaw. *Every Bone Tells A Story: Hominin Discoveries, Deductions, and Debates.* Charlesbridge, 2010.

Sloan, Chris. *The Human Story, Our Evolution from Prehistoric Ancestors to Today.* National Geographic, 2004.

*Tattersall, Ian. *The World from Beginnings to 4000 BCE.* Oxford University Press, 2008.

Thimmesh, Catherine. *Lucy Long Ago: Uncovering the Mystery of Where We Come From.* Houghton Mifflin, 2009.

Walker, Sally. *Written in Bone: Buried lives of Jamestown and Colonial Maryland.* Carolrhoda, 2009.

李早期的研究（书籍和论文）

Berger, Lee. "The Dawn of Humans, Redrawing Our Family Tree?" *National Geographic,* August 1998.

Berger, Lee with Brett Hilton-Barber. *In the Footsteps of Eve: The Mystery of Human Origins.* National Geographic Society, Adventure Press, 2001.

源泉南方古猿的知识（书籍和论文）

Fischman, Josh. Part Ape, "Part Human: A New Ancestor Emerges from the Richest Collection of Fossil Skeletons Ever Found." *National Geographic,* August 2011.

*Science, September 9, 2011. Special feature on *Australopithecus sediba.*

Wong, Kate. "First of Our Kind: Could *Australopithecus sediba* Be Our Long Lost Ancestor?" *Scientific American,* April 2012.

网站：关于李的信息

李·R.伯杰，古人类学家与探险家。
http://www.nationalgeographic.com/explorers/bios/lee-berger/.

美国国家公共广播电台：伯杰博士专访的录音及文字记录——从远古化石中寻找人类起源的线索，2011年9月9日。
http://www.npr.org/2011/09/09/140337459/examining-ancient-fossils-for-clues-to-human-origins.

有关源泉南方古猿的最新研究进展，专为本书的读者们准备的网站。
www.scimania.org

网站：关于人类起源

*了解物种进化。这个网站里面有着关于物种进化的丰富资料，由加利福尼亚大学伯克利分校的一个团队开发。

http://evolution.berkeley.edu/evolibrary/article/evo_01

作为人类的一员意味着什么？史密森尼国家自然历史博物馆。
http://humanorigins.si.edu

词汇表／索引

阿法南方古猿：参见"露西"词条。见第18，47页。

对生拇指：能够与另外四根手指对握或张开的拇指。对于抓取东西非常有用，被视为现代人类以及部分人类祖先物种的重要特征。见第46和51页。

非洲冕鹰雕：非洲体形最大的鹰之一，翼展长达2米。这种凶猛的捕食者会成对狩猎，并且捕食灵长类动物。见第23~25，28，31和58页。

非洲南方古猿：参见"汤恩及汤恩幼儿"词条。见第24，47页。

格拉迪斯瓦尔洞穴：李在南非发现古人类化石的第一个地点。他在那里工作了17年，才发现了玛拉帕。见第23，27，31~34和63页。

肱骨：上臂的一块骨头，从肩膀一直到肘部。见第37页。

古地磁测年法：我们精确地知道地球磁极反转的时间，所以我们只要将岩石中带磁性的微小颗粒所指示的方向与一张标准磁极更替图表比对，就能够确定这块岩石形成的年代。见第45页。

古人类学家：研究远古人类及其行为的科学家。见第17，46，54，61和63页。

谷歌地球软件：谷歌公司提供的一种电脑程序，可以通过它免费获取世界各地的地图和相应的卫星图像。见第31~33，35和52页。

化石：地球上曾经生活过的古代生物的遗骸或遗迹，经过矿物质缓慢填充置换之后形成的石化物。见第47页。

肩胛骨：胸廓背部的一块扁平骨头。见第37页。

剑齿虎：食肉的猫科家族中已经灭绝的成员，非常可怕的捕食者，可能曾以人类祖先为食。见第51页。

卡拉博：源泉南方古猿男孩骨架的名字，是南非全国范围内征名活动中，由一名叫欧姆菲米斯特·基佩尔的女孩所取。见第37~38，40，43，51~52和63页。

流石：由洞内流水形成的一种富含石灰的岩石，经常和钟乳石、石笋相伴出现。流石对于测定岩石的年代十分有用。参见"铀—铅测年法"词条。见第44~45页。

露西：来自320万年前的古人类骨架，由美国古人类学家唐纳德·乔纳森于1974年在埃塞俄比亚发现。乔纳森后来写了一本畅销书介绍他的这一发现，书名就叫《露西》。露西被认为是阿法南方古猿的一个代表性标本。见第17~18，40，43，47，54和61页。

黑长尾猴：一种中等体形的猴子，身体颜色通常是银灰色或橄榄绿色。见第23页。

罗恩·克拉克：古人类学家，与斯蒂芬·莫丘弥和恩奎恩·莫勒非共同发现了"小脚丫"骨架化石。见第25，28，31，47页。

玛拉帕：掩藏在树丛之中、靠近格拉迪斯瓦尔洞穴的一个洞穴。马修·伯杰就是在这里发现了卡拉博的锁骨。李后来给这个地方命名为玛拉帕，该词在塞索托语中的意思是"家园"。见第21，32~35，37~41，44，47~48，51~52，54，57，61~62和64页。

南非共和国：南非现在的正式国名。见第7，10，15，23~24，27~28，32，38，41，47，55，62~63和64页。

乔布·凯比：2008年在李的实验室工作的一位博士后，现为威特沃斯特兰德大学的一名科学家。当马修发现卡拉博的锁骨时，凯比与李一同见证了这个重要的时刻。见第35和40页。

全球卫星定位系统：英文缩写为GPS，是一种通过卫星为地球上绝大部分地区提供定位和导航服务的系统。见第31~32页。

人类的摇篮：由联合国教科文组织确定的"世界遗产"

之一。它由玛拉帕以及玛卡潘斯加特、汤恩等地附近埋藏着化石的洞穴群组成。见第7，23，31~33，51，63~64页。

人族与人科：人族包括现代的人类以及一些人类祖先物种，他们与人类有着更多共同点而非与猿类有着更多共同点。在人科之中，除了人族以外，还包括各种猿类，以及它们的亲缘物种。见第24~25，27，31~32，38~41，46~48，51~52，57和63页。

X射线断层扫描：一种由计算机控制的三维扫描重组技术，英文缩写为CT。李的妻子杰姬·伯杰就是一位懂得使用这种技术的放射线学者。人们可以利用CT技术看到岩石中所包裹的化石。见第54页。

世界遗产：由联合国教科文组织确定的、对于全人类有着独特的文化价值或自然价值的文物古迹或自然景观。见第7和62页。

斯特克方丹洞穴：世界上古人类化石遗迹最丰富的地区之一，位于"人类的摇篮"地区。"小脚丫"骨架化石、"普莱斯太太"骨架化石以及其他一些重要的化石都是在这里发现的。参见"罗恩·克拉克"和"小脚丫"词条。见第31~32和47页。

汤恩及汤恩幼儿：汤恩幼儿是雷蒙德·达特于1924年鉴定的古人类化石。这个头骨被认为有着200万年至300万年的历史，是古人类物种非洲南方古猿的第一个成员。见第23~25，28~29，47，51，57和62页。

唐纳德·乔纳森：发现露西的古人类学家。参见"露西"词条。见第17~18，25，47和61页。

同步加速器：一种环形的粒子加速器，能够产生强大的X射线，用于各种领域的科学实验。见第38~39，48~49页。

同位素：同一化学元素的不同形式，有着不同的中子数以及相同的质子数。科学家们可以利用同位素来研究已经成为化石的动物生前的各种情况，例如饮食。见第45页。

稀树草原黑猩猩：有些科学家相信这种生活在塞内加尔和马里的动物能够制造矛，并且有着其他一些与人类相似的行为特征。见第54页。

"小脚丫"：一副相当完整的古人类骨架，发现于斯特克方丹洞穴。属于一个生活在距今250万年前的古人类物种，至今仍未给予科学命名。参见"罗恩·克拉克"和"斯特克方丹洞穴"词条。见第31，47和57页。

穴居沙龟：一种乌龟，原产于美国东南部地区，以挖掘地洞为家，目前濒临灭绝。见第14~15，19和52页。

"野猫勘探者"：独自钻探油井的人，通常出没于风险高、石油开采成功率低的地区。见第13~14页。

"异常"现象：与周围环境不协调的反常现象。见第13~14，29，32，52，58~59页。

铀－铅测年法：利用放射性铀元素衰变为惰性铅元素的特性，来测定保存有化石的岩石或流石的年代。见第44~45页。

源泉南方古猿：李为他在玛拉帕发现的古人类化石所取的学名。源泉南方古猿生活在距今197.7万年至198万年之间。参见"卡拉博"词条。见第9，35，37，41，45，47，51~52，54~55，57~61和64页。

直立人：现代人类的直接祖先，生活于距今160万年至20万年前。见第47和60页。

抓握脚趾：所有现存的猿类都拥有可抓握的脚趾，以协助它们在树上攀爬。人族物种的脚趾都失去了抓握能力，因为他们能够用双脚行走，脚趾的抓握功能已退化。见第51~52页。

我在本书中的角色
马克·阿伦森

马克和李一起走在"人类的摇篮"地区,马克为正在讲述的李拍摄视频记录。

李·R.伯杰想要为年轻的读者们写一本书,告诉大家他在科学探索过程中经历的一切。他年轻时曾经有过一种可怕的感觉:世界上所有重大的发现都已经完成了。然而事实上,正如源泉南方古猿所展示的那样,很多重要的发现不过是刚刚开始。碰巧,我在本系列的另一本图书——《如果石头会说话 揭开巨石阵的秘密》中说过和李一模一样的话。于是,来自美国《国家地理》杂志的珍妮弗·埃密特就把我和李联系到了一起。我只想去南非见见李,如果有机会的话,再去玛拉帕看看,而且我希望我的儿子萨莎能和李的儿子马修聊一聊。美国《国家地理》杂志同意了,于是这趟奇异之旅开始了。

为这趟旅行做准备的阶段,我快速翻阅了伊安·塔特萨尔写的《世界:从开端到公元前4000年》。当你和一位专家交谈的时候,如果你懂得他经常使用的专业术语,以及这个领域内主要的争议与矛盾,你们的谈话就会更容易一些。如果你是一名学生,手头有一份科学报告要完成,那么在你给一位作家或是教授写信之前,我强烈建议你先阅读一些背景资料。那些作家和教授们是不会替你写报告的,但是他们能为你提供非常精彩的真知灼见。

正在玛拉帕探险的萨莎。过一会儿,他就要与远在美国的科学班的同学们进行网络通话,分享自己的有趣经历了。

正如我在这本书中努力向你展示的那样,李是一位极其活跃、带有传奇色彩的人物。当你和他谈话时,你会发现,他的头脑时刻都会迸发出许多的想法、计划以及理论。同时他又是个轻松自在的人,随时准备着给你讲个笑话。我在本书中所面临的挑战是,理解他所研究的科学,捕捉他独特而富有魅力的个性,以及最为重要的——把那个让我们两个人会聚到一起的观点传递给你。那就是:你,正在逐字逐行阅读这本书的你,将来也能做出令人惊叹的重大发现。它们就在外面的世界中,等待着你去寻找。一旦你掌握了已有的知识,开始提出新的问题,你就能看到那些"异常"之处。但愿这个想要传递给你的观点,已经贯穿在了本书的字里行间。